上海市工程建设规范

# 民防工程平战功能转换技术标准

Technical standard for function conversion from peacetime to wartime of civil defence engineering

DG/TJ 08—2429—2023
J 17000—2023

主编单位：上海市民防监督管理事务中心
上海市地下空间设计研究总院有限公司
中国轻工业上海工程咨询有限公司
批准部门：上海市住房和城乡建设管理委员会
施行日期：2023 年 12 月 1 日



同济大学出版社

2023 上海

**图书在版编目(CIP)数据**

民防工程平战功能转换技术标准/上海市民防监督管理事务中心，上海市地下空间设计研究总院有限公司，中国轻工业上海工程咨询有限公司主编. —上海：同济大学出版社，2023.10(2024.2重印)

ISBN 978-7-5765-0918-2

Ⅰ. ①民… Ⅱ. ①上…②上…③中… Ⅲ. ①人防工程—建筑设计—技术标准 Ⅳ. ①TU927-65

中国国家版本馆 CIP 数据核字(2023)第 185456 号

**民防工程平战功能转换技术标准**

上海市民防监督管理事务中心
上海市地下空间设计研究总院有限公司　**主编**
中国轻工业上海工程咨询有限公司

责任编辑　朱　勇
责任校对　徐春莲
封面设计　陈益平

出版发行　同济大学出版社　　www.tongjipress.com.cn
(地址:上海市四平路 1239 号　邮编：200092　电话:021-65985622)
经　　销　全国各地新华书店
印　　刷　苏州市古得堡数码印刷有限公司
开　　本　889mm×1194mm　1/32
印　　张　2.375
字　　数　64 000
版　　次　2023 年 10 月第 1 版
印　　次　2024 年 2 月第 2 次印刷
书　　号　ISBN 978-7-5765-0918-2
定　　价　30.00 元

# 上海市住房和城乡建设管理委员会文件

沪建标定〔2023〕266 号

---

## 上海市住房和城乡建设管理委员会<br>关于批准《民防工程平战功能转换技术标准》<br>为上海市工程建设规范的通知

各有关单位：

由上海市民防监督管理事务中心、上海市地下空间设计研究总院有限公司、中国轻工业上海工程咨询有限公司主编的《民防工程平战功能转换技术标准》，经我委审核，现批准为上海市工程建设规范，统一编号为 DG/TJ 08—2429—2023，自 2023 年 12 月 1 日起实施。

本标准由上海市住房和城乡建设管理委员会负责管理，上海市民防监督管理事务中心负责解释。

上海市住房和城乡建设管理委员会

2023 年 5 月 30 日

# 前　言

根据上海市住房和城乡建设管理委员会《关于印发〈2021年上海市工程建设规范、建筑标准设计编制计划〉的通知》（沪建标定〔2020〕771号）的要求，由上海市民防监督管理事务中心会同上海市地下空间设计研究总院有限公司、中国轻工业上海工程咨询有限公司经广泛调查研究，认真总结实践经验，在广泛征求意见的基础上，参考国内相关标准，制定本标准。

本标准的主要内容有：总则；术语；基本规定；设计；平战功能转换实施；附录A～D。

各单位及相关人员在执行本标准过程中，如有意见或建议，请反馈至上海市国防动员办公室（地址：上海市复兴中路593号；邮编：200020；E-mail：ssksskl5@163.com），上海市民防监督管理事务中心（地址：上海市复兴中路593号1515室；邮编：200020；E-mail：ssksskl5@163.com），上海市建筑建材业市场管理总站（地址：上海市小木桥路683号；邮编：200032；E-mail：shgcbz@163.com），以供今后修订时参考。

**主编单位**：上海市民防监督管理事务中心
上海市地下空间设计研究总院有限公司
中国轻工业上海工程咨询有限公司

**主要起草人**：张勣翔　杨琪光　熊　喆　胡　玥　李建光
朱学勇　吴乐翔　郑　乾　龚文辉　黄瑛博

钟金辰　郭　莉　陶　洁　葛怡璇　周　锋
阎　迅　张汉曹　葛伟荣　于文涛　胡春燕
吴开晨　解明娟　吴钟林　万智泉　赵红英
楼志雄

主要审查人:李磁泉　葛洪元　徐忠勇　陆海翔　吴国忠
陈松华　王　伟

上海市建筑建材业市场管理总站

# 目　次

# Contents

# 1 总 则

**1.0.1** 为明确本市民防工程平战功能转换技术要求，保障民防工程的战时防护能力，根据国家有关规定，结合上海市民防工程建设实际，制定本标准。

**1.0.2** 民防工程建设应贯彻“长期准备、重点建设、平战结合”的方针；民防工程平战功能转换应坚持高效可靠和易于转换的原则。

**1.0.3** 本标准适用于上海市行政区域内抗力级别为核 5 级、核 6 级，常 5 级、常 6 级的甲类新建、扩建的平战结合的民防工程。改建的、兼顾设防的平战结合的民防工程可参照执行。

**1.0.4** 民防工程平战功能转换除应符合本标准规定外，尚应符合国家、行业和本市现行有关标准的规定。

# 2 术语

**2.0.1** 民防工程 civil defence engineering

本标准所称的民防工程，仅指人民防空工程，包括为保障战时人员与物资掩蔽、医疗救护等而单独修建的地下防护建筑，以及结合地面建筑修建的战时可用于防空的地下室。

**2.0.2** 平战功能转换 function conversion from peacetime to wartime

民防工程平时状态与战时状态相互转换所采取的相关措施。

**2.0.3** 早期转换 early transition

早期转换包括拆除影响战时功能的无关构件、管线和设备，切换管线阀门，引接区域自备电源，安装战时水泵、移动电站设备设施、通信警报和物联感知设备设施，管线防护密闭处理，设备设施接地，医疗救护工程医疗功能房间砌筑及医疗设备设施安装等内容。早期转换时限为转换截止前 30 天。

**2.0.4** 临战转换 transition just before going into battle

临战转换包括封堵孔口，安装战时装配式贮水箱和干厕，构筑抗爆单元隔(挡)墙，安装战时构件和设备、单机调试与检测，放置移动电站储油桶，拆除坡道板，设置标识系统等内容。临战转换时限为转换截止前 15 天。

**2.0.5** 紧急转换 emergency transition

紧急转换包括人防门关闭、隔绝防护转换，综合调试和工程超压检测、验收等内容。紧急转换时限为转换截止前 3 天。

**2.0.6** 临战封堵 plugging just before going into battle

民防工程平时使用的出入口、通风口，以及防护单元间平时通行口，临战时需要封堵或关闭所采取的技术措施。

**2.0.7** 门式封堵 door-type blocking

利用防护密闭门对民防工程平时使用的出入口、通风口进行临战封堵的措施。

**2.0.8** 防护密闭隔墙 protective airtight partition wall

既能抗御预定的爆炸冲击波作用，又能隔绝毒剂的隔墙。

**2.0.9** 密闭隔墙 airtight partition wall

能隔绝毒剂的隔墙。

**2.0.10** 人防门 civil air defence door

防护密闭门和密闭门的统称。

# 3 基本规定

**3.0.1** 民防工程平战功能转换设计应做到平战功能结合，无法结合的应遵循安全可靠、就地取材、加工和安装快速简便原则，满足临战时不使用大型机械实现平战功能转换的要求。

**3.0.2** 民防工程平战功能转换设计应采用标准化、通用化、定型化的防护设备和构件，转换宜采用便于实施、缩短转换时间、减少转换人工的方式。

**3.0.3** 结构构件和仅供平时使用的固定设备设施不得影响民防工程防护设备设施安装、使用和维护管理以及临战转换措施实施。

**3.0.4** 防护单元宜结合防火分区设置，并保持二者区域协调一致。

**3.0.5** 与民防工程无关的管道不得穿过人防围护结构。

**3.0.6** 专供民防工程平时使用的管道穿越民防工程外墙、临空墙、防护密闭隔墙、密闭隔墙、顶板和相邻防护单元墙体时，应在穿越处设置密闭套管，并在防护单元内侧设置公称压力不小于1.0 MPa的阀门。

**3.0.7** 供平时使用的供水、供电、通信、消防等设备设施，临战功能转换应避免难以恢复的拆除，其管线不宜采取临战截断后进行封堵的措施。

**3.0.8** 民防工程平战功能转换设计应与工程设计同步完成。

**3.0.9** 平战功能转换工作及相关措施应编入附录B《民防工程平战功能转换工作清单》，平战功能转换实施方案编制应满足附录C要求。

**3.0.10** 除本标准规定可实施平战转换的内容外，其余设备设施和房间平时均应安装或砌筑到位。平战功能转换内容及措施汇总见附录 A。

**3.0.11** 平战功能转换设备设施平时维护管理应满足附录 D 要求。

# 4 设 计

## 4.1 土 建

**4.1.1** 民防工程围护结构不得采用开设采光窗、设备吊装孔和风管预留孔洞等孔口临战封堵措施。

**4.1.2** 不得采用临战时增加后加柱的方式实施平战功能转换。

**4.1.3** 民防工程内严禁设置深坑式机械停车位。

**4.1.4** 民防工程内防化通信值班室、防化器材储藏室、战时进风机房、洗消间淋浴室内的隔断平时应砌筑或安装到位，不得临战转换。

**4.1.5** 民防工程战时出入口平时不得遮盖出地面段，且不得封堵战时疏散通道。

**4.1.6** 防倒塌棚架宜采用钢筋混凝土防倒塌棚架。当受到地面景观等条件限制时，可采用钢结构装配式防倒塌棚架。

**4.1.7** 设置于临空墙上的平时出入口应采用门式封堵，且门加砂袋堆垒封堵方式每个防护单元不得超过 2 处。

**4.1.8** 有防化要求的民防工程，供平时使用的通风竖井应采用一框两门的临战封堵措施；无防化要求的民防工程，供平时使用的通风竖井应采用一道防护密闭门的临战封堵措施。

**4.1.9** 二等人员掩蔽所结合室内楼梯设置战时进风口，供战时围合使用的一框两门或双向受力门应平时安装到位，不得临战转换。

**4.1.10** 防护单元间平时通行口应采用在门洞两侧各设一道防护密闭门或设一道双向受力防护密闭门的临战封堵措施。

**4.1.11** 坡道起坡段不得影响人防门启闭。

**4.1.12** 抗爆单元隔(挡)墙、战时干厕可实施平战功能转换、临战时安装。

**4.1.13** 人防门设置在行车道或消防疏散路径时,应采用下列方式:

**1** 采用活门槛人防门时,活门槛可实施平战功能转换、临战时安装。

**2** 采用固定门槛人防门时,宜在固定门槛两侧设置可临战移开和战后复位的坡道板。

**4.1.14** 防火门、防火卷帘设置不应影响战时通风、人员通行和人防门启闭。

**4.1.15** 在人防门处于关闭、开启至平时使用状态的门扇区域,以及设有人防门的车道区域,严禁设置机动车停车位。除上述区域外的人防门开启范围内,不得设置机动车停车位。

## 4.2 通风空调

**4.2.1** 战时通风系统应符合每个防护单元自成防护体系,并设置战时独立通风系统的要求。

**4.2.2** 平战合用通风管道及风口,当平时和战时风量不一致时,风管系统的主干支管及风口应设调节装置。

**4.2.3** 柴油电站内的通风和冷却设备、通风管道及附件平时应安装到位,不得临战时安装。柴油发电机组的排烟管及保温层平时应安装至机组上方,临战时排烟管与柴油发电机排烟口应采用带有法兰的不锈钢波纹管连接。

**4.2.4** 地下汽车库防烟分区划分宜与防护单元结合。当条件受限时,平时使用的通风管道可实施平战功能转换,且应符合下列规定:

**1** 风管不得穿越防护单元间防护密闭隔墙。

**2** 穿越防护单元间平时通行口以及对外出入口的风管,影响人防门关闭的管段应临战时拆除。战时需利用的风管，平时应在临战时需拆除管段的端头安装阀门，临战时关闭。

**4.2.5** 毒剂报警器、毒剂监测仪、空气放射性监测仪、空气质量监测仪等防化报警和防化监测设备所需预埋的管道平时应预埋到位，并应预留设备的安装位置及配套电源，防化报警和防化监测设备可临战时安装。

## 4.3 给排水

**4.3.1** 专业队队员掩蔽部、一等人员掩蔽所供平时使用的生活水池（箱）、消防水池（箱）可兼作战时贮水池（箱）。如采用装配式水箱，装配式水箱及配套设施平时应安装到位，不得临战时安装。

**4.3.2** 医疗救护工程、二等人员掩蔽所、物资库工程应利用平时的生活或消防水池（箱）兼作战时贮水池（箱）。当受到条件限制时，可采用装配式水箱，可实施平战功能转换。装配式水箱周边应预留 800 mm～1 000 mm 的转换操作距离。其配套的进水、排水等管道的接口平时应安装到位，不得临战时安装，并应在接口处设有相应标识。

**4.3.3** 民防工程移动电站内的冷却水箱平时应安装到位，不得临战时安装。

**4.3.4** 民防工程洗消淋浴的淋浴器和加热设备的给排水管及接口平时应安装到位，不得临战时安装。

**4.3.5** 移动电站内洗涤池及移动电站防毒通道内的洗脸盆平时应安装到位，不得临战时安装。储油间的油桶可实施平战功能转换。

**4.3.6** 专业队队员掩蔽部、一等人员掩蔽所战时气压供水装置平时应安装到位，不得临战时安装。二等人员掩蔽所、物资库战时气压供水装置可实施平战功能转换。

**4.3.7** 医疗救护工程的手术室、卫生间、盥洗室、洗涤室等房间的卫生器具及给排水管道、固定电站的给排水设备及供油设备、防爆波油管接头井、深井泵房给排水设备，平时应安装到位，不得临战时安装。

## 4.4 电 气

**4.4.1** 无法引入同一小区柴油电站电源的民防工程，应在该工程内单独设置柴油电站进行战时供电。

**4.4.2** 民防工程由EPS、UPS等蓄电池组电源战时供电的，蓄电池组可实施平战功能转换，平时应预留安装位置，配电箱平时应预留蓄电池组接口。

**4.4.3** 一等人员掩蔽所和专业队队员掩蔽部洗消淋浴的淋浴器、加热设备和连接电源配电箱管线可实施平战功能转换。

**4.4.4** 穿越临空墙、防护密闭隔墙、密闭隔墙、顶板等人防围护结构的电气管线和预留备用管应一根电缆(线)穿一根密闭套管，且密闭套管应平时预埋，不得临战时转换，防护密闭或密闭处理可实施平战功能转换。

**4.4.5** 穿越临空墙、防护密闭隔墙、密闭隔墙、顶板等人防围护结构的暗敷电缆管线的防护密闭或密闭处理不得临战时转换。

**4.4.6** 战时照明照度与平时要求不一致时，应在系统图注明战时使用的照明回路，临战时实施平战功能转换。

**4.4.7** 民防工程内不应选用吸顶灯。

**4.4.8** 中心医院和急救医院的柴油电站平时应安装到位，不得临战时转换；医疗救护站、防空专业队工程、人员掩蔽工程、配套工程柴油电站中的柴油发电机组可临战安装。

**4.4.9** 固定电站的金属油罐、输油管、输油管接头井处的防静电接地平时应设置到位。移动电站油桶战时应做防静电接地。

**4.4.10** 医疗救护工程中设置的手术室供电、护理呼应信号等系统电源总配电箱平时应安装到位，不得临战时安装。

## 4.5 通信警报

**4.5.1** 战时通信警报、电话、网络通信系统的管线、接口、电源及浪涌保护装置平时应安装到位，不得临战时安装。

**4.5.2** 通信警报系统的室外接收天线基座平时应安装到位，不得临战时安装。

**4.5.3** 通信警报系统的室外接收天线、室内接收终端设施可实施平战功能转换。

**4.5.4** 各防护单元的战时广播系统可实施平战功能转换，可利用平时消防广播系统的设备设施结合设置。

## 4.6 物联感知

**4.6.1** 设置在民防工程主要出入口、次要出入口、防化通信值班室、战时配电间、柴油电站及其控制室等处的监控摄像机，平时应安装到位，不得临战时安装。可利用平时监控系统的设备设施结合设置。

**4.6.2** 监控摄像机连接至设置在值班室、防化通信值班室视频监控主机的管线，平时应安装到位，不得临战时安装。

**4.6.3** 民防工程内的移动通信信号覆盖系统平时宜安装到位。

**4.6.4** 战时视频监控主机及监控屏可实施平战功能转换。

## 4.7 标 识

**4.7.1** 所有需进行平战功能转换的部位和区域平时均应设置平战转换标识牌。

**4.7.2** 对于人防门启闭范围内禁止和限制设置机动车停车位的区域，应分别采用橘红色和黄色网格线予以标识，平时应设置到位。

**4.7.3** 活门槛人防门应在门槛的两侧标明其型号以及编号,门槛编号应与其配套的门扇编号一致,平时应设置到位。

**4.7.4** 战时使用的进风、排风、送风、回风、燃烧空气进气、排烟、给水、排水及电缆等管线应设置管线标识,平时应设置到位。

**4.7.5** 临战时需开启或关闭的阀门,应悬挂标明其战时启闭状态的标识牌,平时应设置到位。

# 5 平战功能转换实施

## 5.1 土建转换

**5.1.1** 影响民防工程战时功能的机械式停车设备应拆除并清理干净。

**5.1.2** 战时干厕临战转换应满足下列要求：

1 干厕安装位置应按照设计图纸现场定位。

2 干厕搭建围护结构宜加盖顶板或构筑到结构顶板。

3 干厕宜搭建厕位隔板。

4 便桶数量与放置应按照设计图纸设置和定位。

**5.1.3** 抗爆单元隔墙堆垒，不应出现竖向通缝，墙体断面宜采用梯形，其高度不宜小于 1 800 mm，最小厚度不宜小于 500 mm。

**5.1.4** 门式封堵临战转换应满足下列要求：

1 应移(拆)除影响人防门正常启闭的设备设施，并平整、清洁地坪。

2 安装活门槛时，活门槛编号应与人防门编号一致。

3 关闭临战封堵处人防门，并应采用密闭膏嵌缝。

4 当采用一道防护密闭门加砂袋堆垒的临战封堵措施时，砂袋堆垒横截面应成梯形。

**5.1.5** 钢结构装配式防倒塌棚架安装应满足下列要求：

1 应清理棚架柱脚处预埋锚栓等基础构件。

2 应检查钢柱与柱脚螺栓以及各构件之间连接是否牢固，再进行安装。

3 构件应按照编号顺序安装牢固。

**5.1.6** 医疗救护工程中的医疗救护功能房间(不含 X 线机室)、

护理单元房间和管理用房的墙体，宜采用轻质板材或其他成品材料，确保墙体之间及与柱体和地坪等固定牢固。

## 5.2 通风空调转换

**5.2.1** 油网滤尘器临战时转换应满足下列要求：

**1** 应拆除油网滤尘器金属网周围固定螺栓，再将金属网从铁壳内框上拆下。

**2** 金属网应用碱性溶液清除油污，再用清水冲净晾干。

**3** 将金属网按顺序装入铁壳内框后，应再浸入机油内，待油滴干后回装到位。

**4** 安装时应将网孔大的网层置于空气进入侧，并固定牢靠。

**5.2.2** 过滤吸收器临战时连接应满足下列要求：

**1** 连接前应检查过滤吸收器“入口”和“出口”方向是否与气流方向保持一致。

**2** 过滤吸收器连接完毕后应检查与系统管道连接处的密封性，不得漏气。

**3** 通电检查过滤吸收器是否工作正常，检查后关闭电源开关，需要时再打开。

**5.2.3** 柴油发电机组临战时风管连接应满足下列要求：

**1** 应连接排风导风管与柴油机散热器排风端。

**2** 将柴油发电机组排烟口与排烟管相连接，柴油发电机组排烟口与排烟管应采用柔性连接，柔性接头应采用耐高温材料制成。

**3** 排烟管及柔性连接应作隔热处理，其表面温度不应超过60℃。

**5.2.4** 毒剂报警器、毒剂监测仪、空气放射性监测仪和空气质量监测仪临战时安装应满足下列要求：

**1** 毒剂报警器探头应放置在战时进风口预留位置处，安装时应固定牢靠。

**2** 毒剂监测仪、空气放射性监测仪和空气质量监测仪应按设计图纸位置及现行行业标准《人民防空工程防化设计规范》RFJ 013要求安装。

**3** 毒剂报警器探头与主机连接电缆不得裸露在外，应穿平时预埋到位的预埋管，并做好防护密闭处理。

**4** 应通电检查毒剂报警器、毒剂监测仪、空气放射性监测仪和空气质量监测仪是否工作正常。

**5.2.5** 风管临战时拆除应满足下列要求：

**1** 需拆除的风管短管应固定牢靠后，方可拆除风管短管两端的连接螺栓。

**2** 战时使用风管内部应清理干净。

**3** 风管短管拆除完毕后应关闭端头的转换阀门。

**5.2.6** 通风空调系统中平战时转换阀门应按设计图纸要求转换至战时状态。

## 5.3 给排水转换

**5.3.1** 装配式水箱及焊接式水箱临战时安装应满足下列要求：

**1** 清理安装区域，设置水箱基础，基础可采用砌体形式或钢结构形式。

**2** 安装水箱，箱底四周及箱底标准块之间的连接缝应坐落在基础上。

**3** 安装水箱附属设备设施，应将水箱预留管道与水箱进水管相连接。

**4** 水箱应进行满水检测，检查是否漏水，检查完毕后打开水箱放空阀。

**5.3.2** 水池（箱）临战时清洗、消毒应满足下列要求：

**1** 应先对水池（箱）内表面除污、除锈，再调配消毒溶液，将水池(箱)内表面进行擦洗。

2 擦洗后应用清水冲洗干净,排出清洗废水。

**5.3.3** 洗消系统临战时转换应满足下列要求:

1 淋浴器和加热设备应根据设计图纸位置安装到位。

2 应将淋浴器和加热设备的进出水管接口与平时预留的给水管连接。

3 应通电检查加热设备是否工作正常,淋浴器出水及水温是否正常。

4 口部洗消设施应根据设计图纸要求安装到位。

**5.3.4** 战时防护阀门临战时转换应满足下列要求:

1 民防工程内消火栓及自动喷淋系统中设置的防护阀门、潜水泵压力排出管上的防护阀门、口部外集水井内防护阀门等压力排水管道(通气管道)上的防护阀门临战时应关闭。

2 民防工程内给水系统中设置的防护阀门应在给水箱注满水后关闭。

3 防护阀门无法关闭或关闭不到位时,应及时更换公称压力不小于 1.0 MPa 的同类型阀门。

**5.3.5** 战时给水泵临战时转换应满足下列要求:

1 应根据设计图纸要求配置水泵。

2 应对水泵就位前的基础混凝土强度、坐标、尺寸和螺栓孔位置进行检查,并应符合设计图纸规定。

3 水泵安装应位置准确,固定牢靠。

4 水泵试运转的轴承温升必须符合设备说明书的规定。

**5.3.6** 应检查防爆地漏、铜质管堵是否启闭灵活,保证正常排水,临战时关闭并注水。

## 5.4 电气转换

**5.4.1** 自备电源临战时安装应满足下列要求:

1 EPS、UPS线路敷设前应将EPS、UPS自备电源各断路器切换至断开状态，根据设计图纸要求选配电缆，按设计系统图要求与人防配电箱EPS或UPS预留端口可靠连接。

2 EPS、UPS调试完成后，应将供电方式切换至自动状态。

**5.4.2** 民防工程内供电电源临战时转换应满足下列要求：

1 平战合用的照明箱、排水泵、风机电源等应转换至人防配电箱供电。

2 应优先使用市电电源，当市电被摧毁时，应手动切换至备用电源供电模式。

3 照明回路应切换至战时回路。

**5.4.3** 柴油发电机组临战时安装应满足下列要求：

1 将柴油发电机组安装就位时应先清理柴油发电机组基础预埋件。

2 应按照设备说明书中要求安装柴油发电机组，并连接附属设施。

3 应按照设计图纸要求配置柴油发电机组输出电缆，并与柴油发电机组配套的配电箱进线端可靠连接。

4 应将柴油发电机组基础预留等电位接地扁钢与柴油发电机组基础及设备本体进行可靠接地。

5 安装完毕应开启单机试运转，设备运转正常后才可并机运行。

**5.4.4** 临战时安装的设备设施接地应满足下列要求：

1 毒剂报警器探头、战时水箱等设备设施应做好本体及基础接地。

2 排烟风管、过滤吸收器出入口橡胶软管等软连接处应做好等电位跨接线。

3 战时不使用的电气设备、电线、电缆等应全部接地。

**5.4.5** 穿越防护密闭隔墙、密闭隔墙的密闭套管、预留备用管的防护密闭处理应满足下列要求：

1 密闭套管内壁应除锈并擦洗干净，管内不应有油水。

2 应保证一根电缆(线)穿一根密闭套管，密闭套管与电缆(线)间用密封材料填实密封。

**5.4.6** 医疗救护工程护理呼应信号系统临战转换应满足下列要求：

1 工程内临战前安装的墙体中的强电设备应按设计图纸要求预留位置，墙体完成后明装到位。

2 应根据设计图纸要求安装护理呼应信号系统，并对设备线路线缆进行固定。

3 通电调试护理呼应信号系统，声光提示、呼叫位置显示应准确。

## 5.5 通信警报转换

**5.5.1** 通信警报系统室外接收天线临战时安装应满足下列要求：

1 安装前应清理预设的通信馈线接头。

2 应将室外接收天线与通信馈线进行连接，并与预留天线基座固定牢固。

**5.5.2** 通信警报系统室内接收终端设施临战安装时应满足下列要求：

1 安装前应先清理预设的通信馈线接头。

2 室内接收终端设施安装和专用通信跳线、电话线、网络线连接应符合国家、行业和本市现行有关标准的规定。

3 接通电源后应根据相关标准的规定完成调试工作。

**5.5.3** 防护单元的战时广播系统临战时安装应满足下列要求：

1 平战合用的战时广播系统，应转换至供战时使用的模式，纳入人防通信要素。

2 应完成战时广播系统的调试，满足通信警报系统室内接收终端设施信号输入的要求。

**5.5.4** 战时电话、网络通信系统临战时安装应满足下列要求：

**1** 安装前应清理预设的各类电话和网络通信线缆接头。

**2** 应安装网络通信直放站、中继站、路由设施或终端设施，并应符合国家、行业和本市现行有关标准的规定。

**3** 中心医院和急救医院应设置电话总机，电话分机可安装在办公、医疗、病房、值班室、防化通信值班室、配电间、电站、通风机室等战时信息点。其他战时功能的民防工程电话分机可安装在值班室、防化通信值班室、战时进风机房、柴油电站和电站控制室等战时信息点。

**4** 医疗救护工程和防空专业队工程应设专线电话与所在地人防指挥所相连。

**5** 接通设备电源后，应按照相关规定完成战时电话、网络通信系统调试。

## 5.6 物联感知转换

**5.6.1** 战时使用的视频监控系统临战时安装应满足下列要求：

**1** 应在值班室或防化通信值班室安装视频监控主机及监控屏。

**2** 应接入各点位监控摄像机信号并完成调试。

**3** 平战合用的视频监控系统应转换至战时使用模式，并纳入人防指挥系统。

**5.6.2** 可在防护单元内安装移动通信室内信号覆盖系统，并在完成调试后纳入人防通信系统。

## 5.7 标识转换

**5.7.1** 战时女厕、战时男厕、战时水箱和防倒塌棚架等临战安装完毕后，应安装相应的标识。

**5.7.2** 临战时应对作为封堵措施的人防门设置警示标识，防止误开启。

**5.7.3** 民防工程外部至民防工程内部的人员掩蔽疏散路径上，临战时应设置临时指引标识。

**5.7.4** 在医疗救护和卫生防疫区、物资贮存和收发区、应急指挥管理区、应急垃圾储运区，临战时应安装相应的标识。

## 5.8 系统调试与检测

**5.8.1** 临战工程内部超压测试时，防爆超压排气活门、自动排气活门的活门阀盖在超压作用下应能自动开启；如不能自动开启，应调整重锤位置。

**5.8.2** 超压测压装置调试时，应检查测压管室外端管口，确保无堵塞且管路通畅，打开测压管阀门，微压计超压值显示应正确。

**5.8.3** 通风系统调试应对照战时通风系统操作顺序表要求，检查密闭阀门启闭状态，清洁、消毒、隔绝三种通风方式风量应满足设计要求。

**5.8.4** 战时通风系统调试应满足下列要求：

**1** 通风方式信号显示装置应能准确显示清洁、滤毒、隔绝三种通风方式。

**2** 与通风系统联动的三种通风方式信号系统，应能正确控制风机的启动和停止、电动密闭阀门的开启和关闭，逻辑关系准确。

**5.8.5** 水池(箱)出水水质应符合现行国家标准《生活饮用水卫生标准》GB 5749 的规定。

**5.8.6** 洗消排水系统、水冲厕所(医疗救护工程)、盥洗间、水箱布置处等排水管道应进行排水管道通球试验，皮球直径不小于排水管直径的 2/3，皮球从起始端投入，灌水后从洗消集水井中捞出为合格。

**5.8.7** 电气接地装置调试应满足下列要求：

**1** 应检查接地装置是否到位。

**2** 应采用接地电阻测试仪对接地装置进行检测，接地电阻应符合设计图纸要求。

**5.8.8** 柴油发电机组供电及配套控制系统调试应满足下列要求：

**1** 低压配电柜(屏、台)和动力配电箱应安装、接线良好，通电运行正常。

**2** 柴油发电机组应启动、运行、停止正常，柴油发电机组的馈线相序应与电力系统电源一致。

**3** 柴油电站进风、排风风机应启动、运行、停止正常，风量满足设计值。

**5.8.9** 物联感知与通信警报调试应满足下列要求：

**1** 视频监控系统图像应清晰、完整、无杂讯。

**2** 音响警报接收设备应运行正常，并能准确接收外部空袭警报信号。

**3** 广播系统输入、输出信号应正常，每一回路上的扬声器应发声正常、清晰，无失真、噪声等。

**4** 移动通信信号覆盖范围、通话质量、数据业务速率、误码/块/帧率等应符合相关标准要求。

**5** 民防工程内的值班室、防化通信值班室、战时通风机房、柴油电站及其控制室等房间设置的数据网络及电话通信应保持畅通。

**5.8.10** 各专业转换完成后，对有防化要求的民防工程应进行超压测试并满足设计要求。超压测试存在问题的，应查找、分析原因，并采取相应措施，必要时应进行工程局部或整体密闭性能检测，检测方法及合格指标应按现行上海市工程建设规范《民防工程防护设备设施质量检测与评定标准》DG/TJ 08—2330 等标准执行。

# 附录 A　民防工程平战功能转换一览表

表 A　民防工程平战功能转换一览表

| 专业 | 转换位置(项目) | 转换措施 | 可临战时转换 | 平时到位 | 相关要求 | 转换阶段 |
|---|---|---|---|---|---|---|
| 土建 | 民防围护结构 | 开设采光窗、设备吊装孔(施工临时留孔除外)及风管预留孔洞等 | / | / | 不允许 | / |
| | 加设结构柱 | | / | / | 不允许 | / |
| | 深坑式机械停车位 | | / | / | 不允许 | / |
| | 防化通信值班室、防化器材储藏室、战时进风机房 | | / | √ | | / |
| | 医疗救护工程战时出入口、染毒区、第一密闭区、洗消间、X线机室等功能区域 | | / | √ | | / |
| | 医疗救护工程医疗功能房间 | | √ | / | 墙体宜采用轻质板材或其他成品材料临战时安装 | 早期 |

**续表A**

| 专业 | 转换位置(项目) | 转换措施 | 可临战时转换 | 平时到位 | 相关要求 | 转换阶段 |
|---|---|---|---|---|---|---|
| 土建 | 洗消淋浴间 | 淋浴隔断 | / | √ | | / |
| | 战时出入口 | 疏散楼梯平时盖板封堵或遮挡疏散路径 | / | / | 不允许 | / |
| | 防倒塌棚架 | 钢筋混凝土防倒塌棚架 | / | √ | | / |
| | | 钢结构装配式防倒塌棚架 | √ | / | 工程竣工验收时应安装到位，在工程竣工验收通过后可拆除。拆除后的装配式构(配)件应储藏在本民防工程内 | 临战 |
| | 设置于临空墙上的平时出入口 | 一道防护密闭门加一道密闭门 | / | √ | | 紧急 |
| | | 一道防护密闭门加堆土和沙袋 | √ | / | 防护密闭门应平时安装到位，堆土和沙袋可临战转换，且每个防护单元不应超过2处 | 临战 |
| | 有防化要求的民防工程供平时使用的通风竖井 | 一道防护密闭门加一道密闭门 | / | √ | | 紧急 |
| | 无防化要求的民防工程供平时使用的通风竖井 | 一道防护密闭门 | / | √ | | 紧急 |

**续表A**

| 专业 | 转换位置(项目) | 转换措施 | 可临战时转换 | 平时到位 | 相关要求 | 转换阶段 |
|---|---|---|---|---|---|---|
| 土建 | 结合室内楼梯设置战时进风口 | 一框两门(两侧均为防护密闭门)或一道双向受力门 | / | √ | | / |
| | 防护单元间平时通行口 | 门洞两侧各设一道防护密闭门 | / | √ | | 紧急 |
| | | 一道双向受力防护密闭门 | / | √ | | 紧急 |
| | 坡道起坡段 | 坡道板 | √ | / | 坡道起坡段在人防门开启范围内,平时可采用易移除及复位的坡道板,临战时拆除 | 临战 |
| | 相邻抗爆单元 | 堆垒抗爆隔(挡)墙 | √ | / | 在施工图中按规范进行设计,临战时堆垒 | 临战 |
| | 干厕隔墙 | 临战安装 | √ | / | 在施工图中按规范进行设计,临战时安装 | 临战 |
| | 干厕便桶 | 临战放置 | √ | / | | 临战 |
| | 设置在行车道或消防疏散路径上人防门的门槛 | 活门槛临战放置 | √ | / | 在施工图中按规范进行设计,临战时安装 | 临战 |
| | | 固门槛平时安装 | / | √ | 在固定门槛两侧设置可临战移开和战后复位的坡道板 | / |

续表A

| 专业 | 转换位置(项目) | 转换措施 | 可临战时转换 | 平时到位 | 相关要求 | 转换阶段 |
| --- | --- | --- | --- | --- | --- | --- |
| 土建 | 防火门或防火卷帘与人防门合并设置的门洞 | 拆除防火门或防火卷帘 | √ | / | 影响战时通风、人员通行和人防门启闭的，应予以拆除 | 早期 |
| | 影响战时掩蔽人员通行和疏散的防火门 | 拆除防火门 | √ | / | 在战时疏散路径上设置的与疏散方向相反的防火门，应予以拆除 | 早期 |
| | 机械车位 | 临战拆除 | √ | / | 禁止与限制区域不得设置机械车位，在以上区域外设置的，影响民防工程战时功能的机械车位应临战拆除 | 早期 |
| 通风空调 | 管道穿越民防围护结构或防护密闭隔墙的暖通水管上的防护阀门 | | / | √ | 应在防护单元内侧设置公称压力不小于1.0 MPa的阀门(详见第3.0.6条) | / |
| | 进风、排风、空调、滤毒系统 | | / | √ | 进、排风口部的进排风机、风管、风口、阀门、空调设备、除尘、滤毒、风量测量装置不得临战时安装 | / |

续表A

| 专业 | 转换位置(项目) | 转换措施 | 可临战时转换 | 平时到位 | 相关要求 | 转换阶段 |
|---|---|---|---|---|---|---|
| 通风空调 | 移动柴油电站内的通风、冷却设备,移动电站柴油发电机组的排烟管及保温层、排风导风管 | | / | √ | 柴油电站内的通风、冷却设备应平时安装到位,移动电站柴油发电机组的排烟管及保温层平时应安装至机组上方,临战时与机组配套软管连接,排风导风管平时应安装至机组排风端 | / |
| | 平时风管穿防护密闭隔墙 | | / | / | 不允许 | / |
| | 影响人防门关闭的风管短管 | 临战拆除 | √ | / | 穿越防护单元间平时通行口以及对外出入口的平时风管,临战时应予以拆除。战时需利用的风管,平时应在临战时需拆除管段的端头安装阀门,临战时关闭 | 早期 |
| | 防化报警及防化监测设备的预埋管道 | | / | √ | / | / |
| | 防化报警及防化监测设备 | | √ | / | 所需预埋管平时应预埋到位,并应预留安装位置及电源 | 临战 |

续表A

| 专业 | 转换位置(项目) | 转换措施 | 可临战时转换 | 平时到位 | 相关要求 | 转换阶段 |
|---|---|---|---|---|---|---|
| 给排水 | 管道穿越民防围护结构或防护密闭隔墙的给排水水管上的防护阀门 | 专供平时使用的管道设置密闭套管和阀门 | / | √ | 应在防护单元内侧设置公称压力不小于1.0 MPa的阀门(详见第3.0.6条) | / |
| | 装配式战时贮水箱(专业队队员掩蔽部、一等人员掩蔽所) | | / | √ | 在民防工程清洁区内安装 | / |
| | 装配式战时贮水箱(医疗救护工程、二等人员掩蔽所、物资库) | | √ | / | 在施工图中按规范进行设计,临战时实施平战功能转换。配套的进水、排水等管道的接口应在工程竣工验收前安装完毕,并在接口处设有相应标识 | 临战 |
| | 柴油电站内冷却水箱 | | / | √ | | / |
| | 战时水冲厕所 | | / | √ | 战时水冲厕所和所有给排水设施应在工程竣工验收前安装完毕 | / |
| | 战时干厕 | 临战组装墙体、放置干厕便桶 | √ | / | 在施工图中按规范进行设计,临战时可实施平战功能转换 | 临战 |

续表A

| 专业 | 转换位置(项目) | 转换措施 | 可临战时转换 | 平时到位 | 相关要求 | 转换阶段 |
|---|---|---|---|---|---|---|
| 给排水 | 淋浴间的淋浴器和加热设备 | | √ | / | 在施工图中按规范进行设计,其给排水管及接口应在工程竣工验收前安装完毕,淋浴器和加热设备可临战时安装 | 临战 |
| | 移动电站储油间的油桶 | | √ | / | 移动电站储油间的油桶可临战时放置 | 临战 |
| | 气压供水装置(专业队队员掩蔽部、一等人员掩蔽所) | | / | √ | | / |
| | 气压供水装置(二等人员掩蔽所、物资库) | | √ | / | 位置 | |
| 电气 | 可引接区域电源工程的EPS、UPS自备电源 | | √ | / | 在施工图中按规范进行设计,配电箱预留接口,防化通信值班室预留安装位置 | 早期 |
| | 战时水泵、加热设备的电缆 | | √ | / | | 早期 |
| | 密闭套管 | | / | √ | | / |
| | 电气管线防护密闭或密闭处理 | 填充密封材料 | √ | / | 密封材料可临战时填充 | 早期 |

续表A

| 专业 | 转换位置(项目) | 转换措施 | 可临战时转换 | 平时到位 | 相关要求 | 转换阶段 |
|---|---|---|---|---|---|---|
| 电气 | 暗敷管线防护密闭或密闭处理 | | / | √ | | / |
| | 平时与战时照明回路切换 | | √ | / | | 早期 |
| | 移动电站的柴油发电机组 | | √ | / | | 早期 |
| | 固定电站 | | / | √ | | / |
| | 战时防静电接地 | | / | √ | | / |
| | 移动电站油桶防静电接地 | | √ | / | | 早期 |
| | 战时不使用的电气设备、电线、电缆等的接地 | | / | √ | | / |
| | 床位呼叫等弱电系统配电箱引出管线及设备 | | √ | / | | 临战 |

续表A

| 专业 | 转换位置(项目) | 转换措施 | 可临战时转换 | 平时到位 | 相关要求 | 转换阶段 |
|---|---|---|---|---|---|---|
| 通信警报 | 战时警报、电话、网络通信进线 | | / | √ | 战时通信警报、电话、网络通信系统的管线、接口、电源及浪涌保护装置平时应安装到位,不得临战时安装 | 早期 |
| | 室外接收天线基座 | | / | √ | 通信警报系统的室外接收天线基座平时应安装到位,不得临战时安装 | / |
| | 室外接收天线、室内接收终端设施 | | √ | / | 通信警报系统信号线缆及埋管平时应到位 | 临战 |
| | 战时广播系统 | | √ | / | 各防护单元设置战时广播主机,可临战安装。广播扬声器可利用平时设备 | 临战 |
| 物联感知 | 监控屏和主机 | | √ | / | 除监控屏和主机外的监控设备和线缆及埋管平时应到位 | 临战 |
| | 移动通信线缆 | | / | √ | 移动通信设备临战时根据实际情况配备 | / |
| 标识 | 外部导引标识、口部导引标识、临空墙标识、禁止与限制区域标识、管理标识、设 | | / | √ | | / |

**续表A**

| 专业 | 转换位置(项目) | 转换措施 | 可临战时转换 | 平时到位 | 相关要求 | 转换阶段 |
|---|---|---|---|---|---|---|
| 标识 | 备标识、管线标识、各功能房间标识、平战转换措施示意标识 | | / | √ | | / |
| | 民防工程人员掩蔽通道标识 | | √ | | 按相关文件执行,并与工程建设项目同时设计、同时生产制作、同时验收,验收完毕后,平时应放置于本防护单元的防化器材储藏室内,临战时依据相关图纸和规定安装在相应位置 | 早期 |
| | 战时干厕、战时水箱、防倒塌棚架 | 临战设置完毕后安装标识牌 | √ | | 按相关文件执行,并与工程建设项目同时设计、同时生产制作、同时验收,验收完毕后,平时应放置于本防护单元的防化器材储藏室内,临战时依据相关图纸和规定安装在相应位置 | 临战 |

注:1 “/”对应条款里的“不得”。
2 “√”对应条款里的“可临战转换”或“平时安装到位”。

# 附录 B　民防工程平战功能转换工作清单

**表 B　民防工程平战功能转换工作清单**

<table>
<tr><td colspan="8">1. 工程概况</td></tr>
<tr><td colspan="2">工程名称</td><td colspan="3"></td><td>工程地址</td><td colspan="2"></td></tr>
<tr><td colspan="2">战时功能</td><td colspan="3"></td><td>平时功能</td><td colspan="2"></td></tr>
<tr><td colspan="2">民防建筑面积</td><td></td><td colspan="2">抗力级别</td><td></td><td>联审平台编号</td><td></td></tr>
<tr><td colspan="2">建设单位</td><td colspan="3"></td><td>设计单位</td><td colspan="2"></td></tr>
<tr><td colspan="8">2. 口部(出入口)临战封堵</td></tr>
<tr><td colspan="2">孔洞数量</td><td colspan="3"></td><td>人防门数量</td><td colspan="2"></td></tr>
<tr><td rowspan="2">孔洞 $1^{\#}$</td><td>轴线位置</td><td colspan="3"></td><td>封堵方式</td><td colspan="2"></td></tr>
<tr><td>人防门型号</td><td colspan="3"></td><td>封堵编号及图号</td><td colspan="2"></td></tr>
<tr><td colspan="8">3. 钢结构装配式防倒塌棚架</td></tr>
<tr><td rowspan="2">孔洞 $1^{\#}$</td><td>轴线位置</td><td colspan="3"></td><td>编号及图号</td><td colspan="2"></td></tr>
<tr><td>长×宽</td><td colspan="3"></td><td>平时存放点</td><td colspan="2"></td></tr>
<tr><td colspan="8">4. 抗爆单元隔墙临战设置</td></tr>
<tr><td colspan="2">结构形式</td><td></td><td colspan="2">(上底+下底)×高</td><td></td><td>长度</td><td></td></tr>
<tr><td colspan="8">5. 工程内部隔墙(非防护密闭隔墙)临战设置</td></tr>
<tr><td colspan="2">结构形式</td><td colspan="2"></td><td>宽×高</td><td></td><td>长度</td><td></td></tr>
<tr><td colspan="8">6. 临战安装活门槛</td></tr>
<tr><td colspan="2">孔洞数量</td><td colspan="3"></td><td>活门槛数量</td><td colspan="2"></td></tr>
<tr><td rowspan="2">孔洞 $1^{\#}$</td><td>轴线位置</td><td colspan="3"></td><td>编号及图号</td><td colspan="2"></td></tr>
<tr><td>人防门型号</td><td colspan="3"></td><td>平时存放点</td><td colspan="2"></td></tr>
<tr><td colspan="8">7. 临战拆除坡道板</td></tr>
<tr><td colspan="2">坡道数量</td><td colspan="3"></td><td>坡道板数量</td><td colspan="2"></td></tr>
</table>

续表B

<table>
<tr><td rowspan="2">孔洞<br>1#</td><td>轴线位置</td><td colspan="2"></td><td>编号及图号</td><td colspan="2"></td></tr>
<tr><td>长×宽×厚</td><td colspan="2"></td><td>拆除后存放点</td><td colspan="2"></td></tr>
<tr><td colspan="7">8. 临战拆除防火门</td></tr>
<tr><td colspan="2">孔洞数量</td><td colspan="2"></td><td>防火门数量</td><td colspan="2"></td></tr>
<tr><td rowspan="2">孔洞<br>1#</td><td>轴线位置</td><td colspan="2"></td><td>编号及图号</td><td colspan="2"></td></tr>
<tr><td>防火门型号</td><td colspan="2"></td><td>拆除后存放点</td><td colspan="2"></td></tr>
<tr><td colspan="7">9. 临战拆除防火卷帘</td></tr>
<tr><td colspan="2">孔洞数量</td><td colspan="2"></td><td>防火卷帘数量</td><td colspan="2"></td></tr>
<tr><td rowspan="2">孔洞<br>1#</td><td>轴线位置</td><td colspan="2"></td><td>编号及图号</td><td colspan="2"></td></tr>
<tr><td>长×宽</td><td colspan="2"></td><td>拆除后存放点</td><td colspan="2"></td></tr>
<tr><td colspan="7">10. RFP 型过滤吸收器配套构件及专用操作工具</td></tr>
<tr><td colspan="2">构件(快速接头)<br>只数</td><td colspan="2"></td><td>专用操作工具<br>(勾头扳手及<br>套筒)套数</td><td colspan="2"></td></tr>
<tr><td colspan="7">11. 法兰管堵临战设置</td></tr>
<tr><td colspan="2">法兰管堵个数</td><td colspan="2"></td><td>管径</td><td colspan="2"></td></tr>
<tr><td colspan="7">12. 防化器材临战设置</td></tr>
<tr><td colspan="2">设备名称</td><td colspan="2">轴线位置</td><td>数量</td><td colspan="2">总计</td></tr>
<tr><td colspan="2">空气质量监测仪</td><td colspan="2"></td><td></td><td colspan="2"></td></tr>
<tr><td colspan="2">空气放射性监测仪</td><td colspan="2"></td><td></td><td colspan="2"></td></tr>
<tr><td colspan="2">毒剂监测仪</td><td colspan="2"></td><td></td><td colspan="2"></td></tr>
<tr><td colspan="2">毒剂报警器<br>(含探头、主机)</td><td colspan="2"></td><td></td><td colspan="2"></td></tr>
<tr><td colspan="7">其他防化器材依据现行行业标准《人民防空防化器材编配标准》RFJ 014 要求,由相关部门临战配置</td></tr>
<tr><td colspan="7">13. 平时风管临战拆除</td></tr>
<tr><td colspan="2">管段 1</td><td>轴线位置</td><td colspan="2"></td><td>管径</td><td></td></tr>
</table>

**续表B**

<table>
<tr><td colspan="3">管段 2</td><td colspan="2">轴线位置</td><td colspan="3"></td><td colspan="2">管径</td><td></td></tr>
<tr><td colspan="11">14. 水箱、干厕、水泵和油桶临战设置</td></tr>
<tr><td colspan="5">水箱个数</td><td></td><td colspan="2">水箱总<br>有效容积</td><td colspan="3"></td></tr>
<tr><td colspan="5">干厕个数</td><td></td><td colspan="2">油桶个数</td><td colspan="3"></td></tr>
<tr><td colspan="5">水泵个数</td><td></td><td colspan="2"></td><td colspan="3"></td></tr>
<tr><td colspan="11">15. 内部电源(柴油发电机组、EPS 或 UPS 电源)临战设置</td></tr>
<tr><td colspan="4">柴油发电机组/EPS/UPS</td><td></td><td colspan="2">单台供电量</td><td></td><td>供电时间</td><td colspan="2"></td></tr>
<tr><td colspan="11">16. 通信警报、物联感知设施</td></tr>
<tr><td colspan="2">接收天线</td><td colspan="3">个</td><td colspan="3">接收终端设施</td><td colspan="3">套</td></tr>
<tr><td colspan="2">电话主机</td><td colspan="3">个</td><td colspan="3">路由设施</td><td colspan="3">套</td></tr>
<tr><td colspan="2">电话分机</td><td colspan="3">个</td><td colspan="3">监控主机及监控屏</td><td colspan="3">套</td></tr>
<tr><td colspan="11">17. 标识</td></tr>
<tr><td colspan="11">民防工程人员掩蔽通道标识</td></tr>
<tr><td rowspan="2">标识 1#</td><td colspan="2">标识名称</td><td colspan="2"></td><td colspan="3">轴线位置</td><td colspan="3"></td></tr>
<tr><td colspan="2">防护单元</td><td colspan="2"></td><td colspan="3">平时存放点</td><td colspan="3"></td></tr>
<tr><td colspan="11">人防门警示标识</td></tr>
<tr><td rowspan="2">标识 1#</td><td colspan="2">标识名称</td><td colspan="2"></td><td colspan="3">轴线位置</td><td colspan="3"></td></tr>
<tr><td colspan="2">防护单元</td><td colspan="2"></td><td colspan="3">平时存放点</td><td colspan="3"></td></tr>
<tr><td colspan="11">战时女厕、战时男厕、战时水箱、防倒塌棚架标识</td></tr>
<tr><td rowspan="2">标识 1#</td><td colspan="2">标识名称</td><td colspan="2"></td><td colspan="3">轴线位置</td><td colspan="3"></td></tr>
<tr><td colspan="2">防护单元</td><td colspan="2"></td><td colspan="3">平时存放点</td><td colspan="3"></td></tr>
<tr><td colspan="11">各功能区域标识</td></tr>
<tr><td rowspan="2">标识 1#</td><td colspan="2">标识名称</td><td colspan="2"></td><td colspan="3">轴线位置</td><td colspan="3"></td></tr>
<tr><td colspan="2">防护单元</td><td colspan="2"></td><td colspan="3">平时存放点</td><td colspan="3"></td></tr>
<tr><td colspan="11">18. 临战拆除机械车位</td></tr>
</table>

续表B

<table>
<tr><td colspan="2">车位数量</td><td></td><td>车位编号</td><td></td></tr>
<tr><td rowspan="2">车位 1$^{\#}$</td><td>轴线位置</td><td></td><td>编号及图号</td><td></td></tr>
<tr><td>长×宽×高</td><td></td><td>拆除后存放点</td><td></td></tr>
<tr><td colspan="5">19. 其他</td></tr>
<tr><td colspan="5">承诺保证:本表内容均真实准确。<br><br>建设单位(盖章)　设计单位(盖章)<br>年　月　日</td></tr>
</table>

《民防工程平战功能转换工作清单》填表说明

1　栏目填写

1.1　工程概况

1.1.1　工程地址请填明所在区、路、弄、号。

1.1.2　如工程由多个单元组成,战时功能需分开填写清楚,如“2 个二等人员掩蔽部、1 个物资库、1 个移动电站”。

2　口部(出入口)临战封堵

2.1　口部(出入口)采用“一道防护密闭门加堆土和沙袋临战封堵”和“门框墙两侧各设一道防护密闭门和一道密闭门临战封堵”方式进行平战功能转换的,需填写此大栏。

2.2　临战封堵孔洞个数大于 1 处的,应分别填写各个孔洞的情况。表格栏数不够的,请相应增加表格栏数,即“孔洞 2$^{\#}$”“孔洞 3$^{\#}$”……。

2.3　“轴线位置”栏,填写临战封堵所在的纵横轴线,如“2—3 轴/G 轴”。

2.4　“封堵方式”栏,按照“一道防护密闭门加堆土和沙袋”或“一道防护密闭门和一道密闭门”进行填写。

2.5　“封堵编号及图号”栏,填写封堵构件的编号以及其详图所在的图纸编号。

3　钢结构装配式防倒塌棚架

3.1　工程主要出入口上方采用钢结构装配式防倒塌棚架的,需填写此大栏。

3.2　“轴线位置”栏,填写钢结构装配式防倒塌棚架所在的纵横轴线,如“2—3 轴/G 轴”。

3.3　“编号及图号”栏,填写钢结构装配式防倒塌棚架的编号以及其详图所在的图纸编号。

4　抗爆单元隔墙临战设置

“结构形式”栏,根据实际情况选择“沙袋”或“钢筋混凝土墙”进行填写。

5　工程内部隔墙(非防护密闭隔墙)临战设置

5.1　用于工程战时内部空间分割,临战构筑隔墙(非防护密闭隔墙)的,需填写此大栏。

5.2　“结构形式”栏,根据隔墙实际情况进行填写,如“砖”“××砌体”“轻质隔断”等。

6　临战安装活门槛

6.1 安装在平时车辆通行或消防疏散路径上的活门槛，需填写此大栏。

6.2 具体填写要求参考钢结构装配式防倒塌棚架。

7 临战拆除坡道板

7.1 坡道起坡段在人防门开启范围内，平时采用可移除的坡道板，临战拆除的，需填写此大栏。

7.2 “坡道数量”和“坡道板数量”应填写民防工程内总数。

8 临战拆除防火门

安装在人防门洞内、战时疏散路径或战时通风楼梯的防火门，需填写此大栏。

9 临战拆除防火卷帘

影响人防门临战关闭的防火卷帘需填写此大栏。

10 RFP 型过滤吸收器配套构件及专用操作工具

10.1 民防工程内设置 RFP 型过滤吸收器的，需填写此大栏。

10.2 “构件(快速接头)只数”栏按照 1 台过滤吸收器配 2 只快速接头的只数来填写。

10.3 “专用操作工具(勾头扳手及套筒)套数”栏按照 1 台过滤吸收器配 1 套勾头扳手及套筒的数量来填写。

11 法兰管堵临战设置

水管穿越人防门洞下方，临战采用法兰管堵封堵的，需填写此大栏。

12 防化器材临战安装

12.1 需要临战安装的防化器材应填此大栏。

12.2 根据实际数量分别填写，如空气质量监测仪临战需安装 3 个，根据安装位置不同，分别填写。

12.3 “总计”栏填写民防工程内同一种防化器材的总数。

13 平时风管临战拆除

根据实际情况填写拆除风管管径、长度。

14 水箱、干厕和油桶临战设置

14.1 此大栏数量均应填写民防工程内的总量。

14.2 “干厕个数”按男干厕和女干厕总数填写，不需要填写便桶总数。

15 内部电源(柴油发电机组、EPS 或 UPS 电源)临战设置

根据实际情况填写电源功率和供电时间。

16 通信警报、物联感知设施

各项目数量按整个工程的设置总数填写。

17 标识

标识个数大于 1 处的，应分别填写各个标识的情况。表格栏数不够的，请相应增加表格栏数，即“标识 2#”“标识 3#”……。

18 临战拆除机械车位

影响战时设备设施临战安装的机械车位均应拆除，并填写此大栏。

19 其他

本表格中未涉及的内容，新增项可在此栏增加。

2 计量单位

面积——平方米($m^2$)；上底、下底、长、宽、高——米(m)；混凝土体积——立方米($m^3$)；管径——毫米(mm)；水箱容积——立方米($m^3$)；电站发电量——千瓦(kW)。

精确到小数点后两位。

# 附录C　民防工程平战功能转换实施方案编制要求

## C.1　设计编制要求

**C.1.1**　平战功能转换设计的内容应包含各专业转换内容,转换内容按土建、通风空调、给排水、电气、通信警报、物联感知、标识等专业分类。

**C.1.2**　土建专业转换设计内容应包括:

1　民防工程平战功能转换土建设计说明。

2　战时土建构件和设备设施安装及拆除转换时间表。

3　民防工程土建战时用途表达。

4　防倒塌棚架定位及尺寸。

5　战时抗爆隔墙堆垒定位及尺寸。

6　战时干厕墙体及便桶定位及尺寸。

7　拆除构件和设备设施定位及尺寸。

8　医疗救护工程医疗功能房间面积列表、定位及尺寸。

9　医疗救护工程医疗设备设施定位及尺寸。

**C.1.3**　通风空调专业转换内容应包含:

1　民防工程平战功能转换通风设计说明。

2　主要设备材料安装时间表。

3　战时通风阀门切换示意。

4　平时管段战时拆除部位表达。

5　防化报警和防化监测设备定位。

**C.1.4**　给排水专业转换内容应包括:

1　民防工程平战功能转换给排水设计说明。

2　主要设备材料安装时间表。

3　战时防护阀门切换示意。

4　战时装配式水箱安装定位尺寸。

5　淋浴器和加热设备安装定位尺寸。

6　战时水泵安装定位尺寸。

7　医疗救护工程给排水管道转换表达。

8　市政供人防进水管接室外排水井位置、油管接头井在室外部分的位置表达。

**C.1.5**　电气专业转换内容应包括：

1　民防工程平战功能转换电气设计说明。

2　主要设备材料安装时间表。

3　战时照明转换表达。

4　医疗救护工程护理呼应信号系统。

5　柴油电站型号、尺寸、联络电缆规格、敷设方式和转换要求表述。

**C.1.6**　通信警报及物联感知专业转换内容应包括：

1　民防工程平战功能弱电系统转换设计说明。

2　主要设备材料安装时间表。

3　弱电系统转换表达。

**C.1.7**　标识转换内容应包括：

1　民防工程平战功能标识转换设计说明。

2　主要设备材料安装时间表。

3　临战设置标识牌点位设置表达。

4　临战设置标识牌安装要求表述。

**C.1.8**　平战功能转换设计深度应与施工图设计深度一致，并应符合下列规定：

1　各专业平战功能转换项目应进行编号并将编号标示于图中，且应与附录B《民防工程平战功能转换工作清单》编号与数量一致。

2　各专业用于辅助看图的图例、材料表、门窗表等也应一并附上，可单独成图，也可附于平面图或设计说明中。

## C.2 实施方案编制要求

**C.2.1** 《平战功能转换实施方案》编制应分为图纸和文本两部分。

**C.2.2** 《平战功能转换实施方案》图纸应根据竣工图进行编制，表达清晰、内容完整、深度适宜，满足平战转换实施需要。

**C.2.3** 《平战功能转换实施方案》文本应包括民防工程概况、各阶段平战功能转换工作内容和技术要求、《民防工程平战转换工作清单》、平战功能转换实施机构及职责等内容，各部分内容的编制应满足下列要求：

**1** 民防工程概况应包括工程名称、地点、平战功能转换实施单位、竣工时间、抗力等级、防化级别、民防建筑面积、平时功能、战时功能、所在层数、上部结构形式、防护单元数量、战时出入口数量、战时通风井数量、战时掩蔽人数、战时物资储备体积、车辆掩蔽数量及类型等信息。

**2** 各阶段平战功能转换工作内容应按土建、通风空调、给排水、电气、通信警报、物联感知及标识等专业分别进行编制，各专业应列明各阶段转换应完成的具体工作，并注明预案图册图纸编号。

**3** 《平战功能转换实施方案》编制深度应能指导平战转换施工单位完成土建、通风空调、给排水、电气、通信警报、物联感知及标识等方面的全部转换内容。对战时功能较特殊的民防工程尤其要注意加强编制深度要求，确保平战功能转换的顺利实施。

**C.2.4** 民防工程竣工验收前，应编制完成《平战功能转换实施方案》。

# 附录D 民防工程平战功能转换设备设施平时维护管理要求

## D.1 土 建

**D.1.1** 防毒通道、密闭通道、扩散室、除尘室、滤毒室、洗消间、脱衣室、淋浴室、检查穿衣室、战时风机房、防化通信值班室、防化器材储藏室、柴油电站等战时功能房间内严禁堆放杂物或改作它用，室内应保持清洁，不得有积水，底板、墙面应干燥，进、排风孔不得堵塞。

**D.1.2** 民防工程的顶板不应抹灰，若设置吊顶，应采用轻质、坚固的龙骨，吊顶饰面材料应方便拆卸。

**D.1.3** 民防工程内部装饰装修、维修等施工不得破坏承重结构、有防护密闭要求的墙体，严禁在外墙、临空墙、防护密闭隔墙、密闭隔墙、门框墙、顶板等人防围护结构上钻孔、开洞。

**D.1.4** 临战时需进行平战转换的区域严禁堆填杂物，应留有临战转换施工时可操作的工作面。

**D.1.5** 平战功能转换所需的防护构件和设备、设施及专用操作工具，应储藏在指定位置并做好维护保养，不得擅自挪用。

**D.1.6** 拆除的活门槛应按要求妥善存放，可存放于所配套的人防门临近的侧墙上，也可存放于柴油电站或防化器材储藏室，并应做好日常维护保养，防止锈蚀。

**D.1.7** 活置式门槛部位地面螺栓孔应用螺栓堵塞或充塞黄油，上铺橡胶板或钢板，并采取固定措施，以防螺栓孔变形损坏并保持地面平整通畅。

**D.1.8** 钢结构装配式防倒塌棚架构配件应按照安装图纸上的编号进行标识，拆除后应储藏在本民防工程内，并应做好维护保养，防止锈蚀。相关的安装图纸宜与其一并妥善保存。

**D.1.9** 钢筋混凝土防倒塌棚架应定期进行检查，如围护构件、顶板、梁、柱、基础等出现结构裂缝、局部损伤等情况时，应及时维修加固。

**D.1.10** 民防工程疏散楼梯平时应采取防跌落措施并设置警示标识。

## D.2 通风空调

**D.2.1** 平时不使用的通风空调设备和滤毒设备，应定期检查和维护保养，确保其功能完好。

**D.2.2** 平时未安装的胶管式防爆波活门的胶管、测压装置橡胶软管等橡胶部件，应妥善保管与维护保养、定期检查，老化的胶管和软管应予以更换。

**D.2.3** 过滤吸收器旋压盖所配套的构件及专用操作工具等转换所用的部件和简易工器具，工程竣工验收通过后，应存放于防化器材储藏室，并做好日常维护，缺失的应及时补齐。

## D.3 给排水

**D.3.1** 平时未安装的洗消软管等部件，应妥善保管与维护保养、定期检查，老化的软管应予以更换。

**D.3.2** 战时专用的防爆波地漏及铜质管堵平时宜保持关闭状态，避免垃圾进入造成排水管道堵塞；供平时排水用的防爆波地漏应定期检查能否关闭，对关闭后无法达到密闭要求的防爆波地漏应及时予以维修或更换。

**D.3.3** 工程口部的冲洗阀应定期检查，保证阀门开关灵活；平时应处于关闭状态，不漏水，无锈蚀，与胶皮管连接的零件应完备无损；冲洗阀的给水管外露部分的根部平时应加强维护。

**D.3.4** 水池（箱）的维护管理应包括以下内容：

**1** 应定期对水池（箱）外观进行检查，确保水池（箱）无泄漏、无渗水。

**2** 应定期对水池（箱）进行清洗、消毒，每年不少于1次。

**3** 应定期对水池（箱）的附属连接管道及设施设备进行检查，确保附属管道畅通无泄漏，设施设备功能完好有效。

**4** 当洗消系统给水水压由水泵提供时，水泵应启闭灵活，外观无明显锈蚀。水泵每月运行2次以上，每次运行10 min。

**D.3.5** 应定期对给水引入管、排水出户管、进油管等室外部分设施进行检查，确保附属管道畅通无泄漏，设施设备功能完好有效。

## D.4 电　气

**D.4.1** 固定电站内柴油发电机组应定期启动、检查和保养维护。

**D.4.2** 配电箱的维护管理应满足下列要求：

**1** 对战时使用的配电箱应进行定期的除尘，保持配电箱的清洁。

**2** 应定期检查配电箱内电器的接头是否牢固，确保接线的可靠性。

**3** 应定期检查开关动作是否正常，有故障的开关应及时更换。

**4** 箱体内应保持干燥，有积水、潮湿等情况的应擦拭烘干，消除不安全因素。

**5** 对接线端子的发热情况应进行检查，保证接线端子无虚接的情况。

**6** 应检查箱体的密封情况，尤其是对于灰尘较大的环境，以免发生危险。

7　对于接有电动机的控制配电箱，应对电动机进行检查，检查电机能否正常运行。

8　配电箱的接线应整齐美观，避免线路交错，引发安全事故。

9　配电箱应定期检查保养，对不合格项目及时处理，并做好相关记录。

**D.4.3**　接地线应与接地端子连接紧密，用防松装置固定牢固。

**D.4.4**　通风方式信号灯和灯箱应定期进行检查，声光信号正确，通风方式档位与指示灯档位一致，警铃完好，声音清晰。

## D.5　通信警报

**D.5.1**　通信接头及电缆的维护管理应满足下列要求：

1　对通信接头应定期检查外观损坏情况和防水密封情况，损害的及时维修更换。

2　对通信线缆应定期检测导通性和信号损耗率，及时维修更换。

**D.5.2**　天线基座的维护管理应满足下列要求：

1　对天线基座应定期检查牢固和锈蚀情况，做好日常维修。

2　对预设天线应定期检查损坏情况和检测天线性能，及时维修更换。

## D.6　物联感知

**D.6.1**　对视频监控设施的机箱、线缆、终端应定期检查损坏情况、接头防水情况和设施性能，及时维修。

**D.6.2**　对移动通信信号覆盖设施相关机箱、线缆、终端应定期检查外观损坏情况、接头防水情况和设施性能，及时维修。

## D.7 标　识

**D.7.1** 民防工程标识系统内容应按相关文件执行并满足本标准附录 A 的要求，纳入民防工程日常维护使用管理的范围。

**D.7.2** 民防工程标识应处于醒目位置，装设后的民防工程标识不应影响人身安全和对设备安全运行造成潜在风险。

**D.7.3** 应定期检查所有战时需使用的标识，清理被污损、遮挡的标识，维修、更新被损坏的标识，并应保证标识处于醒目位置。

# 本标准用词说明

1 为便于在执行本标准条文时区别对待，对要求严格程度不同的用词说明如下：

1）表示很严格，非这样做不可的用词；
正面词采用“必须”；
反面词采用“严禁”。

2）表示严格，在正常情况下均应这样做的用词：
正面词采用“应”；
反面词采用“不应”或“不得”。

3）表示允许稍有选择，在条件许可时首先应这样做的用词：
正面词采用“宜”；
反面词采用“不宜”。

4）表示有选择，在一定条件下可以这样做的用词，采用“可”。

2 条文中指明应按其他有关标准、规范执行的写法为“应符合……的规定”或者“应按……执行”。

# 引用标准名录

1 《人防工程平时使用环境卫生要求》GB/T 17216
2 《人民防空地下室设计规范》GB 50038
3 《供配电系统设计规范》GB 50052
4 《自动喷水灭火系统设计规范》GB 50084
5 《地下工程防水技术规范》GB 50108
6 《火灾自动报警系统设计规范》GB 50116
7 《人民防空工程施工及验收规范》GB 50134
8 《建筑灭火器配置设计规范》GB 50140
9 《建筑结构检测技术标准》GB/T 50344
10 《安全防范工程技术标准》GB 50348
11 《民用建筑设计统一标准》GB 50352
12 《消防给水及消火栓系统技术规范》GB 50974
13 《建筑防烟排烟系统技术标准》GB 51251
14 《建筑设计防火规范》GB 50016
15 《人民防空工程质量验收与评价标准》RFJ 01
16 《人民防空工程防护设备产品质量检验与施工验收标准》RFJ 01
17 《人民防空工程防护设备试验测试与质量检测标准》RFJ 04
18 《人民防空工程维护管理技术规程》RFJ 05
19 《人民防空医疗救护工程设计标准》RFJ 005
20 《地下空间安全使用检查规范》DB 31/T 808
21 《民防工程防护设备设施质量检测与评定标准》DG/TJ 08—2330

**22** 《建筑工程交通设计及停车库(场)设置标准》DG/TJ 08—7

**23** 《建筑防排烟系统设计标准》DG/TJ 08—88

上海市工程建设规范

# 民防工程平战功能转换技术标准

DG/TJ 08—2429—2023
J 17000—2023

## 条 文 说 明

2023 上海

# 目　次

# Contents

# 1 总 则

**1.0.3** 本条规定了本标准的适用范围。因上海市无防核武器抗力级别为6B级民防工程的配建政策，故本标准适用范围不包含防核武器抗力级别6B级民防工程。同时，根据上海民防工程实际情况和兼顾设防工程的特殊性，本标准不包含民防工程改建和兼顾设防工程。

# 2 术 语

**2.0.1** 本标准所指的民防工程包括医疗救护工程、防空专业队工程、人员掩蔽工程和配套工程的人防物资库，不包括各级指挥所工程。

**2.0.3** 无关构件包括机械停车位、防火门和防火卷帘等。

# 3 基本规定

**3.0.3** 在实际工程中会经常遇到框架梁、框架柱、楼梯踏步、休息平台、上一层电梯或自动扶梯的基坑、上一层的集水坑、平时使用的固定设备设施、平时设置的通风管、给排水管、电缆桥架、机械停车位等设计不合理，影响人防门的安装和正常启闭，设计时应注意专业之间的协调以及设计院之间的配合，杜绝产生此类问题。

**3.0.4** 工程每个防火分区的设备设施和管线是自成系统的，本条规定防护单元宜结合防火分区设置，并保持二者区域协调一致，是为了减少管线穿越人防墙体的数量，减少平战转换的工作量。当民防工程执行《上海市二等人员掩蔽所民防工程技术要求规定(试行)》(沪民防〔2021〕89 号)时，应满足一个防护单元与一个防火分区协调一致；当民防工程执行现行国家标准《人民防空地下室设计规范》GB 50038 时，应满足两个人员掩蔽防护单元或一个物资库(专业队装备掩蔽部、人防汽车库)防护单元与一个防火分区协调一致。

**3.0.5** 与民防工程无关的管道主要指冷媒、空调供回水、热力、气体、纯净饮用水、雨水、燃气等管道。

民防工程上部建筑的生活污水管、雨水管、燃气管不得进入民防工程(包括人防层上一层的卫生间、淋浴间、厨房、隔油间、垃圾房等污水排水以及人防层上部下沉式庭院、下沉式广场、电梯/扶梯基坑的雨水排水等)。民防工程上部变电站的废水可以用防爆地漏排至下部民防工程内。

**3.0.6** 专供民防工程平时使用的管道是指消火栓管、喷淋管、空调供回水管等。当平时使用的管道穿越相邻防护单元墙体时，应在相邻防护单元墙体两侧设置公称压力不小于 1.0 MPa 的阀门。

**3.0.7** 临战功能转换应考虑战后民防工程的平时使用功能能迅速恢复。因此，平时使用的设备、设施及管线在临战转换时应避免破坏性拆除；必要时，给排水管道可采用增设阀门的临战转换措施，临战时不宜采取机械设备截断管线措施。

# 4 设 计

## 4.1 土 建

**4.1.2** 平时使用的大跨度部位的后加柱，考虑其施工技术难度大、施工时间长且上海市已不采取后加柱（钢柱）的实际情况，限制后加柱转换方式（包括禁止使用混凝土构件采取粘钢加固、粘贴碳纤维加固等后加固提高承载力的方式）。

**4.1.4** 医疗救护工程战时出入口、染毒区、第一密闭区、洗消间、X线机室等功能区域平时应砌筑到位，其他医疗功能房间的墙体宜采用轻质板材或其他成品材料。

**4.1.5** 民防工程主、次要出入口出地面段不得设置在平时人员疏散的主干道和消防登高场地上；若设置在绿化带中，平时应采取安全措施，如设置围栏和提示标识等。

**4.1.6** 防倒塌棚架优先采用钢筋混凝土防倒塌棚架；当确实受到沿街立面景观等条件限制时，可参照现行国家建筑标准设计图集《防空地下室室外出入口部钢结构装配式防倒塌棚架》05SFJ05、05SFG04 采用钢结构装配式防倒塌棚架。钢结构装配式防倒塌棚架允许在工程竣工验收通过后拆除，但装配式构（配）件应储藏在本民防工程内，并做好日常维护，确保临战时能安装。储藏房间面积应满足储藏要求。

**4.1.7** 门式封堵方式便捷性高，利于临战快速转换，可有效减少平战转换工作量，也利于战平转换。防护密闭门外堆土和沙袋的方式，因平战转换工程量较大，因此对数量做出限制。当二等人员掩蔽所防护单元面积按《上海市二等人员掩蔽所民防工程技术要求规定（试行）》（沪民防〔2021〕89 号）执行时，临战封堵设置应符合该规定中的相关技术要求。

**4.1.8** 一框两门指在门框墙两侧各设一道人防门。

**4.1.9** 当二等人员掩蔽所位于多层地下室，利用楼梯进风时，该楼梯在地下部分的非人防区楼层均应通过设置一框两门（两侧均为防护密闭门）或一道双向受力门来确保战时形成围合的进风通道，且围合墙体应为钢筋混凝土结构。

**4.1.11** 为合理控制平战功能转换工作量，要求在人防门开启范围内的坡道起坡段在平时采用易移除及复位的坡道板，临战时拆除。

**4.1.14** 防火门、防火卷帘与人防门合并设置的，不应影响平时对防护设备设施的维护管理。当战时影响人员疏散至人防区内、人防门启闭和战时通风时，应临战时拆除，并应编入《民防工程平战功能转换工作清单》。

**4.1.15** 禁止与限制区域，是指依据《关于进一步加强本市民防工程停车位管理工作的通知》（沪民防〔2021〕120 号）和现行上海市工程建设规范《建筑工程交通设计及停车库（场）设置标准》DG/TJ 08—7 的规定，人防门启闭范围内禁止和限制设置机动车停车位的区域。

## 4.2 通风空调

**4.2.4** 穿越防护单元间平时通行口及对外出入口的管段应在该位置设置的人防门检测合格后进行连接。拆除管段的端头安装阀门，是为了便于通风检测及战时切换，注意该阀门不应在人防门开启范围内。如战时不使用，则无需设阀门。

本条不适用于执行《上海市二等人员掩蔽所民防工程技术要求规定（试行）》（沪民防〔2021〕89 号）的民防工程，该类工程应严格执行平时风管不得穿越相邻防护单元间的隔墙、平时通行口，以及对外出入口的规定。

平时风管临战拆除及阀门设置如图 1、图 2 所示。

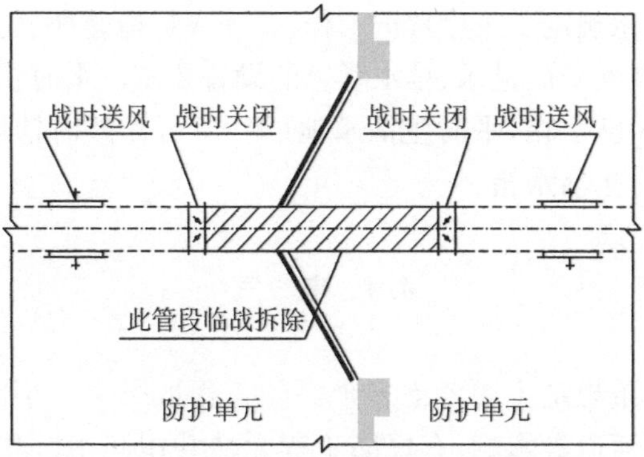


**图 1　平时风管临战拆除及阀门设置示意图 1**

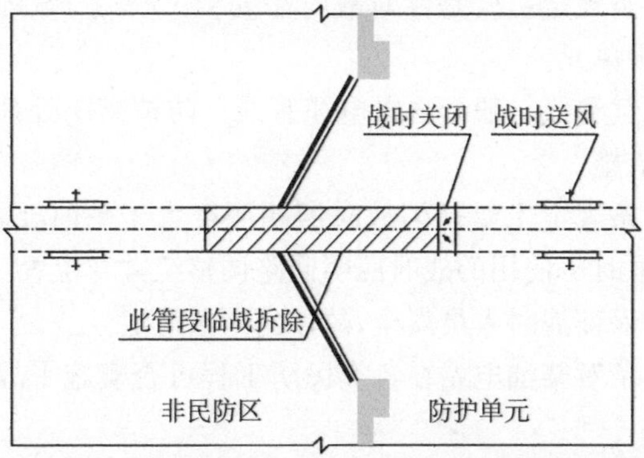


**图 2　平时风管临战拆除及阀门设置示意图 2**

**4.2.5**　本条依据行业标准《人民防空工程防化设计规范》RFJ 013—2010 第 7.1.1 条和 8.0.1 条要求，规定不同防化等级的工程应设置相应的报警与空气监测设备设施。

## 4.3　给排水

**4.3.1**　对于战时用途为专业队队员掩蔽部、一等人员掩蔽所的民防工程，战时水箱必须平时安装到位。

**4.3.2** 本条规定了医疗救护工程、二等人员掩蔽所、物资库工程战时水箱及配套的进水、排水管道的设置要求。平时消防水池可作为战时生活水箱，平时生活水池（箱）既可作战时饮用水箱，也可作为战时生活水箱。

## 4.4 电 气

**4.4.1** 本条规定主要考虑多个民防工程虽属一个小区，但由于市政道路、河道等影响，有民防工程无法共用同小区其他民防工程的柴油电站，故要求此类民防工程单独设置柴油电站。

**4.4.2** 本条规定主要是针对战时需安装 EPS、UPS 等蓄电池组电源的防护单元。

**4.4.4** 电气管线一般指强电电缆管线。防护密闭处理指填充密封材料等措施。

**4.4.6** 本条规定主要是因战时照明照度大于平时要求，需要在临战时将平时不使用的战时照明回路调整至常开位置。

**4.4.7** 为保证战时人员安全，故作出本条规定。

**4.4.8** 本条对柴油电站在各类民防工程可否实施平战转换作出明确规定。

**4.4.10** 考虑大部分医疗救护工程平时不使用，配电设备长期不使用易损坏，因此手术室供电、床位呼叫等系统的配电箱（除系统电源总配电箱外）都可以临战时安装。

## 4.5 通信警报

**4.5.1** 工程内的防化通信值班室（值班室、战时通风机房、柴油电站及其控制室等房间）应设置数据网络和电话通信接口，平时安装到位。通信进线线缆不少于光纤 6 芯 1 根、网线 6 类线 3 根、馈线 50 系列或 75 系列 2 根。

**4.5.2** 天线基座应按照产品技术要求设置，利用工程主体结构可靠固定。

**4.5.3** 通信警报系统的信号线缆应就近由配管从室外引至值班室、防化通信值班室，管线长度不得超过 70 m。室外接收天线应设置在便于接收信号的位置，高度不低于 1.8 m。若民防工程有多个防护单元，应至少从室外引入一路通信线路至工程内，各防护单元值班室、防化通信值班室之间通过预埋管线连通。

**4.5.4** 广播系统主机设备应设置在防化通信值班室内，声音应覆盖人员掩蔽的区域。

## 4.6 物联感知

**4.6.1** 监控视频信号可通过传输网络传送至民防物联网管理中心，供战时使用。

## 4.7 标　识

**4.7.1** 《上海市民防工程标识系统技术标准》DB 31MF/Z 002—2022 对民防工程标识系统的规格、数量、位置等内容有明确要求，需进行平战功能转换的部位和区域包括：战时厕所、战时水箱、装配式防倒塌棚架等部位，以及医疗救护和卫生防疫区、物资贮存和收发区、应急指挥管理区、应急垃圾储运区等区域。为使民众了解上述部位和区域临战时需进行转换，故应设置相应的标识。

**4.7.2** 对机动车停车位中的人防门启闭范围进行标识，以告知使用者该车位影响人防门平时维护管理以及战时使用，需引起特别注意。

**4.7.3** 由于每樘人防门与其配套的活门槛具有一一对应性，为方便临战时安装，故需对其进行标识。

**4.7.5** 临战时各类管道阀门存在开启和关闭两种不同状态，通过标识帮助识别予以明确，防止误操作。

# 5 平战功能转换实施

## 5.1 土建转换

**5.1.1** 影响民防工程战时功能的机械式停车设备主要指影响战时干厕、抗爆隔墙、战时水箱等战时使用的设备和临战砌筑房间的机械式停车设备。

**5.1.4** 影响人防门正常启闭的设备设施主要指防火门、防火卷帘和坡道板等。当采用沙袋堆垒抗爆隔墙时，应使用强度较高、不易开裂的沙袋装填沙土。

**5.1.6** 医疗救护工程墙体安装应坚持安全可靠、就地取材、加工和安装快速简便的原则，尽量选用型材，便于安装。

## 5.2 通风空调转换

**5.2.1** 油网滤尘器安装时要保持平正，安装后应与周围墙体（设备）贴合严实；如发现漏风处，应用浸油麻丝或腻子填实。

**5.2.2** 过滤吸收器进、出口端盲盖拆除后，会导致内部受潮，影响使用效能。为保证战时使用时有效，平时过滤吸收器两端盲盖不拆除。

**5.2.3** 排烟口与排烟管的柔性接头必须采用耐高温材料，不应采用橡胶或帆布接头，一般采用不锈钢波纹补偿器。安装柔性接头时，如果前后排烟管不同心，则会导致补偿器受力方向不正确，影响排烟管的自由伸缩，从而引起排烟管的变形或补偿器拉裂，造成的漏烟、漏气。隔热处理是为了避免柔性接头表面温度较高而发生烫伤的隐患。

**5.2.4** 空气质量监测仪底座应进行固定，接线牢固可靠。毒剂报警器探头底座应固定牢靠，毒剂报警器及探头接线应牢固可靠。

## 5.3 给排水转换

**5.3.1** 水箱的溢流管和泄水管设置不得与排水管直接连接，以防止排水系统污物或细菌污染水箱水质。水箱人孔盖不得随意打开，以防止水质受二次污染。

**5.3.3** 冷、热水管上下平行安装时热水管在冷水管上方，主要是防止冷水管安装在热水管上方时冷水管外表面结露；垂直安装时热水管在冷水管左侧，主要是便于管理、维修。

**5.3.4** 关闭防护阀门的目的是防止由于外部管道破坏致使冲击波、毒剂、放射性沾染物沿管道进入民防工程内部。压力排水管道（通气管道）上的防护阀门战时有排水（通气）要求的，可在隔绝防护时间外开启。

**5.3.6** 防爆地漏平时处于关闭状态，顺时针方向旋转约 60°即可完全密闭锁紧（反之，逆时针方向旋转 60°即可打开），密闭时可防止爆炸冲击波及其他有毒气体由管道进入防护单元。战时该区域染毒需进行清洗时，应将防爆地漏打开，进行排水。

## 5.4 电气转换

**5.4.2** 民防工程内战时用电负荷与平时用电负荷有较大区别，且自成系统，因此在战时需进行供电切换。人防配电箱内均具备两路电源，一路由市电电力系统引入，另一路由内部或区域电源引入，内部电源或区域电源只提供战时一级、二级负荷设备使用，因此优先使用市电供电。

**5.4.3** 柴油发电机本体及附属设施安装完毕后调试应符合国家

标准《人民防空工程施工及验收规范》GB 50134—2004 中第 11.6.5 条的相关要求。

**5.4.4** 等电位接地是接地保护的一项基本措施，它可以在临战转换设备发生接地故障时显著降低电气装置外露导电部分的接触电压，消除或降低电气装置外露导电部分上的危险电压的影响。

**5.4.5** 由于多根导线在一起会有空隙，不易作密闭封堵处理。密闭套管的防护密闭处理及抗力片安装应符合国家建筑标准设计图集《人民防空地下室电气设备安装》07FD02 第 19 页及第 22 页要求。除核 6 级、常 6 级以外其他抗力等级的防护单元应在平时完成抗力片安装。

**5.4.6** 护理呼应信号系统功能应符合行业标准《人民防空医疗救护工程设计标准》RFJ 005—2011 第 6.4.4 条的要求。

## 5.5 通信警报转换

**5.5.1** 临战时，通信警报系统的室外接收天线应确保高度和信号接收要求。

**5.5.2** 通信警报系统室内接收终端设施应确保信号接收正常。

## 5.6 物联感知转换

**5.6.1** 物联感知设备可与平时使用的监控系统合用，避免重复安装，战时纳入人防指挥系统。

## 5.7 标识转换

**5.7.1** 战时厕所、战时水箱、钢结构装配式防倒塌棚架等可临战时安装，上述设备设施的标识应在工程竣工验收前生产、准备完毕，平时应存放在防化器材储藏室内。民防标识牌的设置应符合《上海市民防工程标识系统技术标准》DB 31MF/Z 002—2022要求。

**5.7.2** 为保证战时作为封堵措施的人防门不被误开启，应设置相应的警示标识。

**5.7.3** 人员从用于人防掩蔽疏散的楼梯、坡道进入，至民防工程口部外第一道防护密闭门的最优路径上应设置临时指引标识。

## 5.8 系统调试与检测

**5.8.1** 防爆超压排气活门、自动排气活门是滤毒通风时维持工程内超压的自动控制排气装置。只有当活门板上所受的正压力大于重锤的平衡力时，活门才能自动开启排风。活门受力具有定向性，安装时方向应正确。平衡锤要垂直向下，否则，将给平衡锤连杆带来附加扭力，影响活门的开启。

**5.8.2** 测压管是在设有滤毒通风方式的民防工程中用来连接测压装置测量室外压力的管线，其目的是检测滤毒通风时工程室内外的压差。平时将管口用丝堵封口，防止杂物或昆虫等堵塞管道，临战时将丝堵拆下，同时检查测压管是否通畅。

**5.8.3** 实现战时清洁、滤毒、隔绝三种通风方式需对密闭阀门的启闭状态进行转换，应严格按照设计图纸的要求进行转换。风量检测应符合现行国家标准《通风与空调工程施工质量验收规范》GB 50243要求。

**5.8.4** 可靠的战时民防工程通风方式是保障工程内部掩蔽人员安全的重要措施，应严格按照本条规定的要求进行调试。

**5.8.6** 为保证战时洗消排水的功能，要求排水立管及水平干管均应做通球试验，要保证100％通球。

**5.8.8** 核相是两个电源向同一供电系统供电的重要安全保障措施，虽然不出现并列运行，但相序一致才能确保用电设备的性能和安全。考虑成套供应的柴油发电机组,经运输保管和施工安装,紧固件可能发生松动移位,所以要认真检查,确保安全运行。

**5.8.10** 民防工程的密闭性能直接关系其是否能有效防御核生化武器,因此在工程未满足设计的超压要求时,应进行局部或全工程密闭性能检测。当检测结果不能达标时,应对防护设备设施逐项进行密闭性能检测。